散步的圆

·平面图形·

国开童媒 编著　每晴 文　嘎小雯 图

🌐 国家开放大学出版社出版　✒ 国开童媒（北京）文化传播有限公司出品

北 京

走啦，
该回家了！

3

这个家伙叫作"圆"，它来自涂鸦墙上的平面空间。
初次来到立体空间，它充满好奇，想要四处转转。
它在一排楼房前停了下来，愣愣地盯着那些门窗。

小贴士：图上都有什么图形?你有没有发现，有些地方两个长方形可以组成一个正方形，有些地方两个正方形可以组成一个长方形？

长方形，正方形……多么整齐！
不过，这里没有圆形。

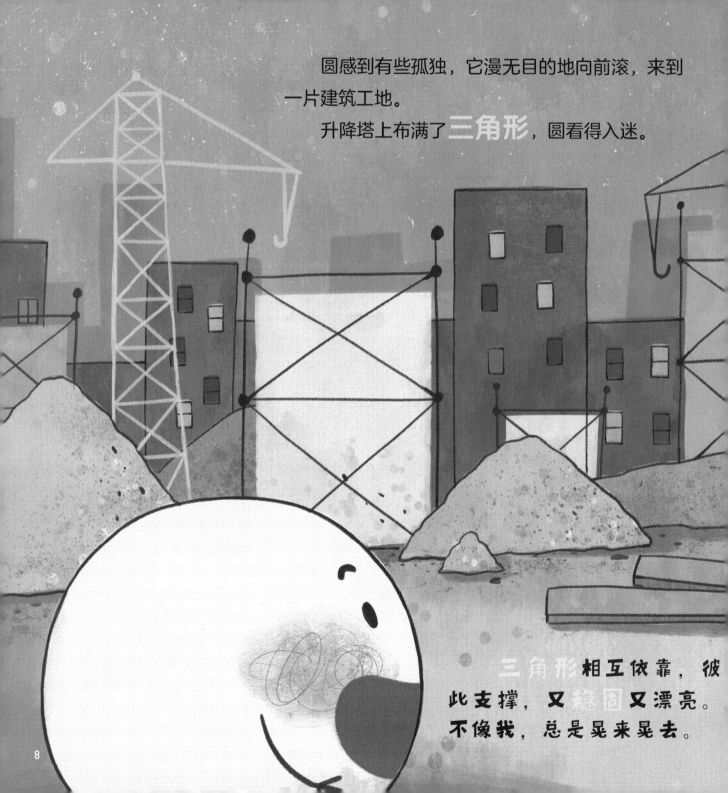

圆感到有些孤独，它漫无目的地向前滚，来到一片建筑工地。

升降塔上布满了**三角形**，圆看得入迷。

三角形相互依靠，彼此支撑，又稳固又漂亮。不像我，总是晃来晃去。

小贴士：画面里除了三角形还有什么图形？请你思考一下用两个同样的三角形可以拼出哪些图形。

圆循声望去，看见一道自动伸缩门关上了，许许多多的
平行四边形正在同时由窄变宽。

平行四边形真神奇，可以自由地伸缩！
不像我，撑不大也缩不小，
无论怎么努力，还是原来的我。

圆有点儿失落。
它倚在路边的一根电线杆上休息。

所有的形状都
很有用，除了我。

忽然，远处照射过来一道刺眼的光，
伴着机器的轰鸣声。

圆有点儿不敢相信自己的眼睛!

圆形没有棱角，
可以轻松地滚动，省力、平稳地前行。
这可不是其他形状能做到的！

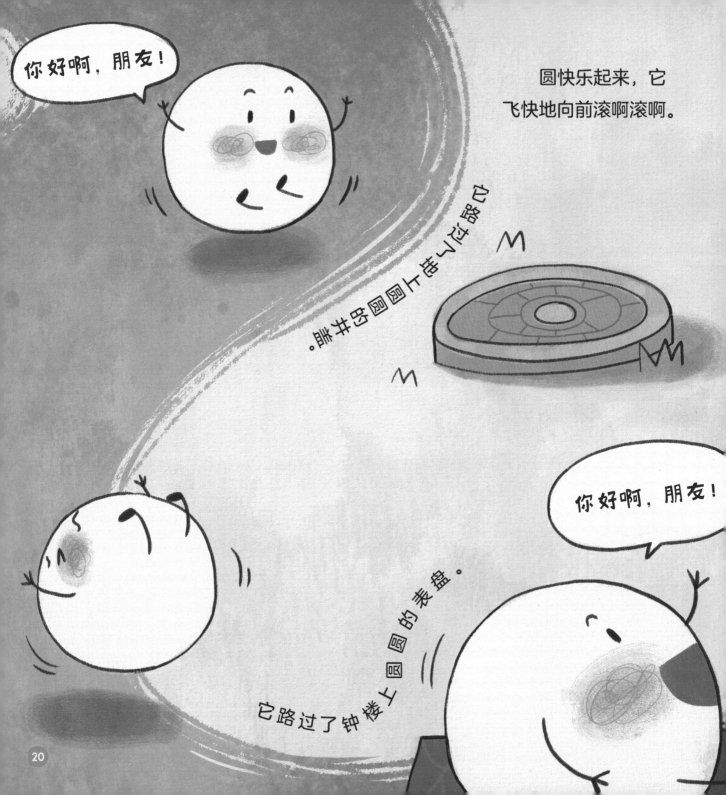

你好啊，朋友！

它还路过了一个巨大的、
超炫的、圆圆的摩天轮！

圆骨碌碌地向前滚，回到了那堵涂鸦墙。
它望了望天空中圆圆的月亮，轻轻一跃……

·知识导读·

　　在绘本《小奇的狂想曲》中，我们认识了立体图形，这本绘本让我们认识的是平面图形，这两者之间是有联系的，因为我们可以从立体图形中拓画出平面图形。

　　比如，拿出我们的圆柱形水杯，把它竖直地放在一张白纸上，沿着底边描一圈，我们就得到了一个封闭的图形——圆。我们还可以利用这种拓画的方法得到长方形、正方形等。在这个故事中，孩子可以发现，生活中充满了各种各样的形状，利用好每一种形状的特点可以让我们的世界更美好。车轮做成了圆形便于滚动，电动门做成平行四边形可以伸缩，升降塔的吊臂做成三角形更稳固……现实生活中还能见到哪些图形呢？为什么要做成这样的形状呢？

　　家长可以带着孩子亲自动手实践一下：用硬纸条做个三角形和平行四边形，然后拉动一下；用圆、长方形或正方形在桌面滚动一下。这样孩子既能初步感悟图形的特征，也能在脑海中建立图形的表象，更能直观地理解图形的特性。这不仅能帮助孩子为未来的学习积累生活经验，还能使学习变成一个有趣的探索过程。相信在这个过程中，家长和孩子会拥有一段美好的学习时光，孩子的空间感也会悄悄地生根发芽。

北京润丰学校小学低年级数学组长、一级教师　蒋慕香

思维导图

圆拥有一个很奇妙的夜晚。起初，它觉得自己是一个没有用的形状，直到它看见了……它这才发现了自己的不可替代性，原来每种图形都有它存在的意义啊！为什么圆一开始觉得自己没用呢？是什么让它改变了想法呢？请看着思维导图，把这个故事讲给你的爸爸妈妈听吧！

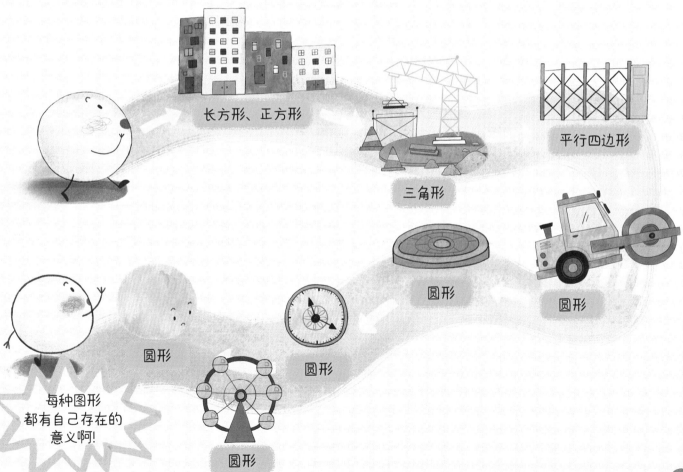

长方形、正方形

三角形

平行四边形

圆形

圆形

圆形

圆形

圆形

每种图形都有自己存在的意义啊！

·平面图形家族的颁奖典礼·

平面图形家族正在进行一年一度的"最受欢迎图形奖评选活动"，在过去一年中被小朋友涂鸦次数最多的图形将获胜。在激烈的投票选举过后，圆获得了第一名，三角形获得了第二名，长方形获得了第三名。接下来是图形代表上台领奖环节，请你把它们画在颁奖台对应的位置上吧！

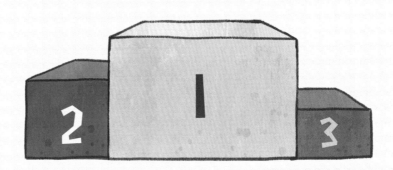

· 我是小侦探 ·

下面的机器人是由不同数量的正方形、长方形、圆形、三角形和平行四边形组成的，擦亮你的小眼睛，你能在这个机器人身上找到多少个正方形、长方形、圆形、三角形和平行四边形呢？

我找到了（　　）个正方形。

我找到了（　　）个长方形。

我找到了（　　）个圆形。

我找到了（　　）个三角形。

我找到了（　　）个平行四边形。

·魔术画笔·

　　喜欢涂鸦的小女孩有一支魔术画笔，她想设计一辆由长方形和圆形组成的玩具车，和一间由正方形和三角形组成的小房子。请你帮小女孩画出设计草图吧。

·生活中的平面图形·

1. 发现生活中的平面图形

　　日常生活中，孩子其实比较难接触到与平面图形相似的实际物体，因此让孩子认识平面图形比认识立体图形要困难一些。所以，家长可以引导孩子观察身边物体的表面是什么形状，哪些物体的表面形状相同等。比如，字典的各个面是由不同的长方形组成的，魔方的各个面是正方形，速食罐头的盖子是圆形等。

2. 探索平面图形的奥秘

1）七巧板拼一拼

　　七巧板是我国的一种传统益智玩具，由七块板组成，可以拼成1600多种图形。家长可以带领孩子尝试用七巧板拼成不同的图形，通过图形的分割和组合，让孩子认识到所学平面图形之间的关系。

2）小小艺术家

　　拿出一沓纸，每张纸上分别画出以下图形：长方形、正方形、平行四边形、圆形。给这些图形分别涂上不同的颜色，再把它们剪下来。最后，请用这些图形拼出一幅作品吧，记得把它们粘在一张干净的纸上。一幅艺术作品就做好啦，别忘了给它起个名字！

知识点结业证书

亲爱的_____小朋友，

恭喜你顺利完成了知识点**"平面图形"**的学习，你真的太棒啦！你瞧，数学并不难，还很有意思，对不对？

下面是属于你的徽章，请你为它涂上自己喜欢的颜色，之后再开启下一册的阅读吧！